essentials

Essentials liefern aktuelles Wissen in konzentrierter Form. Die Essenz dessen, worauf es als „State-of-the-Art" in der gegenwärtigen Fachdiskussion oder in der Praxis ankommt. Essentials informieren schnell, unkompliziert und verständlich

- als Einführung in ein aktuelles Thema aus Ihrem Fachgebiet
- als Einstieg in ein für Sie noch unbekanntes Themenfeld
- als Einblick, um zum Thema mitreden zu können

Die Bücher in elektronischer und gedruckter Form bringen das Expertenwissen von Springer-Fachautoren kompakt zur Darstellung. Sie sind besonders für die Nutzung als eBook auf Tablet-PCs, eBook-Readern und Smartphones geeignet.

Essentials: Wissensbausteine aus den Wirtschafts, Sozial- und Geisteswissenschaften, aus Technik und Naturwissenschaften sowie aus Medizin, Psychologie und Gesundheitsberufen. Von renommierten Autoren aller Springer-Verlagsmarken.

Philip Krüger

Architektur Intelligenter Verkehrssysteme (IVS)

Grundlagen, Begriffsbestimmungen, Überblick, Entwicklungsstand

Dr.-Ing. Philip Krüger
Fachgebiet Verkehrsplanung und
Verkehrstechnik
Technische Universität Darmstadt
Darmstadt
Deutschland

ISSN 2197-6708   ISSN 2197-6716 (electronic)
essentials
ISBN 978-3-658-10279-1   ISBN 978-3-658-10280-7 (eBook)
DOI 10.1007/978-3-658-10280-7

Die Deutsche Nationalbibliothek verzeichnet diese Publikation in der Deutschen Nationalbiblio-
grafie; detaillierte bibliografische Daten sind im Internet über http://dnb.d-nb.de abrufbar.

Springer Vieweg

Gedruckt auf säurefreiem und chlorfrei gebleichtem Papier

Springer Fachmedien Wiesbaden ist Teil der Fachverlagsgruppe Springer Science+Business Media
(www.springer.com)

Was Sie in diesem Essential finden können

- Grundlagen zur Bedeutung Intelligenter Verkehrssysteme
- Wissen für ein umfassendes Verständnis von Intelligenten Verkehrssystemen
- Zusammenstellung von Entwicklungstrends bei Intelligenten Verkehrssystemen
- Überblick zur Architektur Intelligenter Verkehrssysteme
- Bewertung des Entwicklungsstands international und in Deutschland

Vorwort

Intelligente Verkehrssysteme verändern die Verkehrswelt grundlegend und eröff-
nen neue Möglichkeiten, wie sie z. B. auch aus der Nutzung „verkehrsfremder"
Daten für verkehrsbezogene Anwendungen entstehen. Die zunehmende Digitalisierung stellt aber nicht nur den Verkehrsbereich vor neue Herausforderungen, sondern wirkt sich auf fast alle Lebensbereiche menschlichen Handelns radikal aus.
Sämtliche Folgen dieser immer weitergehenden Vernetzung von Geräten in einem
Internet der Dinge und der zunehmenden Digitalisierung von Informationen sind
heute noch nicht vollständig absehbar.

Dieser Aufsatz möchte die vorhandenen Trends sowie auch wichtige Rahmenbedingungen aufzeigen und das zentrale Thema der Architektur Intelligenter Verkehrssysteme genauer erklären. In einer leicht verständlichen Weise soll damit
einem breiten Publikum interessierter Leser aus Wissenschaft und Praxis der Einstieg oder auch die Vertiefung von Kenntnissen im Themenfeld ermöglicht werden.
Der Aufsatz richtet sich dabei ausdrücklich an alle Interessenten, die an dem Thema „Intelligente Verkehrssysteme" direkt oder auch indirekt beteiligt sind, sei es
als Planer, Betreiber, Entwickler oder Nutzer von IVS.

Dr.-Ing. Philip Krüger

Inhaltsverzeichnis

Einleitung 1

Die Erarbeitung einer nationalen IVS-Architektur ist seit 2012 als eine Maßnahme im IVS-Aktionsplan des Bundesverkehrsministeriums festgeschrieben, und im Februar 2015 wurden nun vier zugehörige Ausschreibungen veröffentlicht, mit denen die Entwicklung der nationalen IVS-Architektur für Deutschland voraussichtlich noch in diesem Jahr begonnen wird. Dieser Artikel beschreibt Ergebnisse aus der Dissertation des Autors, die am Fachgebiet Verkehrsplanung und Verkehrstechnik der Technischen Universität Darmstadt (Leitung: Prof. Dr.-Ing. Manfred Boltze) entstanden ist (Krüger 2013). Darin wurden zahlreiche nationale IVS-Architekturen detailliert analysiert und die darin beschriebenen methodischen Vorgehensweisen zur Planung von IVS erprobt und die Ergebnisse verglichen. Ferner werden in diesem Aufsatz die Ergebnisse aus einem Beitrag des Autors in der Zeitschrift „Straßenverkehrstechnik" aufgegriffen und weiterentwickelt (Krüger 2015). Die dort beschriebenen Grundlagen werden hier weiter fundiert und noch detaillierter erläutert. Aus der Analyse der international zahlreich vorhandenen Vorarbeiten wird auch deutlich, dass in Deutschland derzeit noch viel vorhandenes Wissen ungenutzt bleibt. Der Aufsatz möchte einen Beitrag dazu leisten, die Notwendigkeit für die Erarbeitung einer IVS-Architektur in Deutschland weiter zu verdeutlichen und wesentliche inhaltliche Grundlagen zu IVS-Architekturen darstellen.

© Springer Fachmedien Wiesbaden 2015

P. Krüger, *Architektur Intelligenter Verkehrssysteme (IVS)*, essentials,

DOI 10.1007/978-3-658-10280-7_1

Grundlagen 2

2.1 Abgrenzung von IVS

„Telematik" ist ein zusammengesetztes und abgeleitetes Wort, das die Begriffe „Telekommunikation", „Automation" und „Informatik" in sich vereinigt. Im Bereich des Verkehrs sind damit Systeme, Produkte oder Dienste gemeint, mit denen die o. g. Komponenten für verkehrsrelevante Funktionen verknüpft werden (BMVIT 2004). Telematiksysteme verarbeiten Daten (Informatik, Automation) und übermitteln sie, z. B. an Verkehrsteilnehmer (Telekommunikation). Im Straßenverkehr werden Telematiksysteme auch als Intelligente Verkehrssysteme (IVS) bezeichnet, obwohl die Systeme selbst keine Intelligenz besitzen. Abgeleitet wird der Begriffsteil „Intelligent" daraus, dass die von den Systemen gesammelten Daten (z. B. Verkehrs- und/oder Umweltdaten) nutzenstiftend und somit „intelligent" ausgewertet werden. Für die Verkehrsteilnehmer wird daraus ein Mehrwert erzeugt (z. B. sicherheitsrelevante Verkehrsinformationen) (Rittershaus 2012).

> Intelligente Verkehrssysteme sammeln, verarbeiten und interpretieren Daten zur Erzeugung nutzenstiftender Informationen.

Intelligente Verkehrssysteme beziehen neben statischen Daten (z. B. Fahrbahngeometrie) auch sich dynamische ändernde Daten mit ein (z. B. Verkehrsflusszustand). Die heutigen Trends in Forschung und Entwicklung zeigen, dass neben Verkehrsdaten immer weiter zunehmend auch Informationen aus völlig anderen Bereichen nutzenstiftend für verkehrsbezogene Dienste und Anwendungen eingesetzt werden können. Traditionell werden seit langem Wetter- bzw. Umweltdaten für IVS genutzt. Ebenso können aber bspw. auch persönliche Kalenderdaten verwendet

© Springer Fachmedien Wiesbaden 2015
P. Krüger, *Architektur Intelligenter Verkehrssysteme (IVS)*, essentials,
DOI 10.1007/978-3-658-10280-7_2

werden, um Nutzern, in Abhängigkeit individueller Termine, verkehrsrelevante Informationen anzubieten. Solche Verknüpfungen sind zukünftig für nahezu alle Lebensbereiche denkbar, in denen Daten erzeugt werden (z. B. Freunde, Wohnen, Arbeiten, Gesundheit, usw.).

Der (elementare) Prozess, auf dem IVS basieren, ist dabei immer gleich: Daten verschiedener Art werden erhoben und verarbeitet bzw. veredelt (z. B. Fehlerwertkorrektur, Glättung, Ersatzwertberechnung, auch: Fusionierung verschiedener Datenquellen), die Daten werden „intelligent" interpretiert, und schließlich müssen die Ergebnisse in einer verstehbaren Form an den Nutzer (z. B. Verkehrsteilnehmer oder Mitarbeiter einer Verkehrszentrale) übermittelt werden. Unabhängig davon, welches IVS Sie betrachten, dieser grundlegende Prozess ist immer wiederkehrend.

In Abb. 2.1 ist der prinzipielle Prozess, auf dem IVS basieren (in der Computertechnik auch bekannt als EVA-Prinzip[1]), vereinfacht dargestellt. In der Literatur finden sich durchaus abweichende Bezeichnungen für die einzelnen Schritte, wobei das Grundprinzip immer identisch ist. Später muss dieser Prozess noch erwei-

Abb. 2.1 Übersicht IVS Prozessschritte und physische Elemente (BASt 2012a)

---

[1] Eingabe, Verarbeitung, Ausgabe.

tert werden, z. B. um den Schritt „Daten speichern". Im Verkehr hat diese Aufgabe hohe Bedeutung, bspw. für die Berechnung von Verkehrsprognosen.

Die o. g. elementaren (d. h. nicht weiter zerlegbaren) Prozessschritte bzw. Aufgaben können auch als Funktionen verstanden werden. Funktionen legen fest, was ein System können muss. Unterhalb der einzelnen Prozessschritte (Funktionen) sind in Abb. 2.1 beispielhaft physische Elemente dargestellt, die heute für den jeweiligen Prozessschritt relevant sind, und neben technischen Elementen sind dort auch Verkehrsteilnehmer benannt. Die physischen Elemente (meist: Technik) dienen zur Erfüllung der genannten Funktionen, und die inhaltliche Trennung von Funktionen und technischen Geräten ist von grundlegender Bedeutung. Es wird bereits hier sehr deutlich, dass es eine Vielzahl verschiedener technischer Elemente gibt, die Daten erheben, verarbeiten und interpretieren sowie auch eine Vielzahl von Kanälen, über die Information an den Nutzer ausgegeben werden. Zwischen den einzelnen physischen Elementen müssen schließlich Daten ausgetauscht werden, wofür ebenfalls verschiedene technische Lösungen in Frage kommen.

Zu dieser technischen Vielfalt tritt nun noch eine organisatorische Ebene: Die einzelnen Elemente können von verschiedenen Institutionen betrieben und/oder gewartet werden, so dass in der Regel zahlreiche Institutionen für umfassende IVS vernetzt werden müssen. Damit liefert Abb. 2.1 bereits einen knappen Eindruck von den Ebenen einer IVS-Architektur, die in Kap. 5 noch genauer erklärt werden. Bei den nutzbaren Datenquellen spielen zukünftig verstärkt auch sog. „nutzergenerierte Daten" eine Rolle, wie sie z. B. in sozialen Netzwerken entstehen, und die in Bezug auf ihre verkehrliche Bedeutung ausgewertet werden können.

Wesentliche Entwicklungstreiber für IVS waren in der Vergangenheit, und sind auch heute noch, Verfahren der Satellitennavigation, digitale Mobilfunknetze, das Internet sowie Smartphones und weitere nomadische Geräte. Das Aufkommen dieser Systeme hat maßgeblich die Weiterentwicklung der IVS vorangetrieben und wird auch zukünftig einen starken Einfluss auf die Verbreitung der Systeme haben.

IVS dienen nicht nur der effizienteren Nutzung von Verkehrsmitteln und Verkehrsinfrastruktur (Erhöhung der Leistungsfähigkeit, Verbesserung der Wirtschaftlichkeit des Betriebs der Verkehrsinfrastruktur). Sie zielen maßgeblich auch auf die Erhöhung der Sicherheit und des Komforts für Reisende und tragen zur Reduzierung von Umweltwirkungen des Verkehrs bei (Sicherheit, Umweltverträglichkeit). Die erhobenen Daten sind dabei für sämtliche Aufgaben eines umfassenden Verkehrsmanagements nutzenstiftend, von einer kurzfristigen und dynamischen Steuerung des Verkehrs, bis hin zu der langfristigen Planung von Verkehrsanlagen.

2.2　Bedeutung von IVS für das Verkehrsmanagement

Das Personen- und Güterverkehrsaufkommen in Deutschland verändert sich differenziert (DIW 2012) und erfordert verstärkt eine flexible Nutzung der Verkehrsinfrastruktur und damit besonders auch den Einsatz Intelligenter Verkehrssysteme (IVS). Die fortschreitende Urbanisierung führt dazu, dass immer mehr Menschen in Ballungsräumen leben und damit dort der Verkehr zukünftig überwiegend zunehmen wird. Dies gilt besonders auch für den Wirtschaftsverkehr (Globalisierung, Internet). In vielen ländlichen Gebieten nimmt der Verkehr dagegen ab, weil dort zukünftig immer weniger Menschen leben werden. Gleichzeitig ist heute ein Ausbau von Verkehrswegen überwiegend aus finanziellen, politischen und gesellschaftlichen Gründen nur noch eingeschränkt möglich.

In Deutschland waren im Jahr 2013 ca. 43,5 Mio. Personenkraftwagen zugelassen[2] (BMVBS 2013). Gleichzeitig war für 2013 die Bevölkerung in Deutschland mit etwa 80,8 Mio. Menschen beziffert (Statistisches Bundesamt 2014). Würde die gesamte Bevölkerung Deutschlands gleichzeitig in die vorhandenen Autos steigen, befänden sich im Durchschnitt weniger als zwei Personen in einem Fahrzeug (alle öffentlichen Verkehrsmittel stünden gleichzeitig leer). Wir leisten es uns bereits seit langem, erhebliche vorhandene Kapazitäten nicht zu nutzen.

> Technologieeinsatz im Verkehr ist notwendig, um die vorhandene Kapazität von Verkehrsmitteln und Infrastruktur bestmöglich nutzen zu können.

Gleichzeitig entwickeln sich die Telematiksysteme rasant weiter. So haben in den letzten Jahren z. B. auch Smartphones und das mobile Internet (Web 2.0) erheblich zur Verbreitung und Entstehung neuer IVS-Dienste beigetragen. Das Verkehrsmanagement steht heute noch vor einem weiteren Umbruch: Neue Datenquellen wie z. B. Floating Car-Daten, die von privaten Traffic Information Service Providern (TISP) erhoben werden, liefern detaillierte Aussagen über den Verkehrszustand, die mit stationären Detektoren in diesem Umfang (überwiegend aus Kosten- und Aufwandsgründen) nicht erreicht werden können, und zahlreiche weitere Datenquellen, wie z. B. auch soziale Netzwerke, bieten ebenfalls Informationen, die zukünftig für die Beeinflussung von Verkehren wertvoll sein können. Durch neue Technologien (z. B. Big Data) ist heute eine Auswertung heterogener Datenquellen in Echtzeit möglich. Daraus ergeben sich auch für das Verkehrsmanagement erhebliche neue Möglichkeiten.

---

[2] Einschl. Fahrzeugen mit besonderer Zweckbestimmung (z. B. Wohnmobile, Krankenwagen).

> Die Verarbeitung heterogener Datenquellen in Echtzeit ist heute möglich und gewinnt zukünftig für IVS an Bedeutung.

Die Folgen der Digitalisierung sind heute für das Verkehrsmanagement noch nicht vollständig absehbar. Das Internet hat bspw. maßgeblich das starke Wachstum der Kurier-Express-Paketdienste begünstigt, weil damit Einkäufe zu jeder Tages- und Nachtzeit bequem von zu Hause aus möglich geworden sind. Durch neue IVS verschwimmen zunehmend auch die Grenzen zwischen Individualverkehr und Öffentlichem Verkehr. RideSharing-Plattformen machen private Kfz für (eingeschränkt) öffentliche Verkehre zugänglich (Shared Economy[3]). Die zunehmende Vernetzung von Geräten in einem „Internet der Dinge" (Web 3.0) wird zu einem neuen Innovationsschub führen, wenn Geräte aus anderen Lebensbereichen mit verkehrsrelevanten Aufgaben verknüpft werden. Smartwatches, Tracker-Armbänder oder andere Wearables können Vitalfunktionen oder auch zurückgelegte Schritte von Personen messen. Auf dieser Basis sind individualisierte und gesundheitsbezogene Dienste denkbar, z. B. „Nehmen Sie heute für den Weg zur Arbeit lieber das Fahrrad, anstatt das Auto, um Ihre Fitness aufrecht zu erhalten". Ebenso können auch medizinische Geräte (z. B. Herzschrittmacher) Störungen erkennen (z. B. Infarkt) und diese Information (zusammen mit anderen personenbezogenen Daten) an eine Notfallzentrale übertragen. Sitzt der Patient bspw. In einem Zug, kann lebensnotwendige Hilfe mit diesen Daten wesentlich schneller zum nächsten Bahnhof geleitet werden[4].

> Der Technische Fortschritt ermöglicht immer mehr neue IVS.

---

[3] Zum Thema „Shared Economy" sei hier angemerkt, dass Hersteller oft die sozialen Aspekte Ihrer Systeme heranführen. Dabei spielen vor allem auch wirtschaftliche Interessen bei der Entwicklung von Systemen eine Rolle. Dies ist bei einer umfassenden Bewertung immer zu berücksichtigen, ebenso wie Fragen des Datenschutzes.

[4] Die ethisch-moralische Frage, ob die zunehmende Digitalisierung und die damit verbundene Preisgabe personenbezogener Daten, Fluch oder Segen ist, soll in diesem Aufsatz nicht behandelt werden. Die Rolle des Datenschutzes wird in Abschn. 2.4 angesprochen.

Auch die Wirtschaft wird zukünftig immer weiter Digitalisiert werden (vgl. Industrie 4.0). Zukünftig müssen Produktionsgüter (z. B. Ersatzteile) nicht in jedem Fall über die Straße transportiert werden, sondern können digital verschickt und beim Kunden vor Ort mittels 3D-Drucktechnologie reproduziert werden. Dies wiederum kann massiven Einfluss auf das Aufkommen im Wirtschaftsverkehr haben. Nach den aktuellen Prognosen ist heute noch von einer weiteren starken Zunahme des Wirtschaftsverkehrs auszugehen (BMVI 2014; IFMO 2010).

Heute werden besonders auch neue Kooperationsmodelle zwischen Öffentlichen Aufgabenträgern und/oder privaten TISP benötigt. Zur Verkehrslageberechnung des Landes Berlin werden bspw. seit 2012 Floating Car-Daten von tomtom verwendet (Reisezeiten pro Streckenabschnitt). In anderen Städten werden vergleichbare Kooperationen bereits erprobt, und für die Zukunft wird die Bedeutung institutionsübergreifender Kooperationen weiter zunehmen.

Die Kooperation privater und öffentlicher Akteure im Zuge von IVS gewinnt an Bedeutung.

Ebenso ist zu beobachten, dass die IVS sehr deutlich auch das Verhalten von Verkehrsteilnehmern beeinflussen (z. B. Verkehrsmittelwahl). Junge Menschen wollen heute Verkehrsmittel lieber nutzen anstatt ein eigenes Auto zu besitzen, und dieser Trend wird zukünftig noch weiter zunehmen. Der Anteil von Wegen im motorisierten Individualverkehr nimmt heute bei jungen Menschen zu Gunsten des Öffentlichen Verkehrs ab (IFMO 2011). Für das Verkehrsmanagement ergibt sich daraus die Notwendigkeit, intermodale IVS zu entwickeln, um die Nachfrage im Öffentlichen Verkehr zu stärken. Gerade auch für ländliche Räume, die von geringer bzw. weiter abnehmender Verkehrsnachfrage geprägt sind, werden flexible Betriebsformen im Öffentlichen Verkehr und damit IVS benötigt, weil fahrplangebundene Verkehre in diesen Gebieten nicht mehr wirtschaftlich darstellbar sind. Damit steigt die Bedeutung intermodaler Verknüpfungen von IVS weiter an. Die Deutsche Bahn AG startet ab April 2015 ein Pilotprojekt, bei dem der konzerneigene DB Navigator mit der App eines StartUps (flinc AG), das eine RideSharing-Plattform betreibt, verknüpft wird (Deutsche Bahn 2015).

Die individuelle Beeinflussung von Verkehrsteilnehmern gewinnt damit immer mehr an Bedeutung. In verschiedenen Forschungsprojekten werden heute IVS erprobt, die reale Umgebungsbilder mit dynamischen Informationen, sog. Augmented Reality, verknüpfen (z. B. DIMIS 2013). Daraus ergeben sich folglich auch steigende Anforderungen zur Harmonisierung von individuell wirkenden IVS und kollektiv wirkenden IVS. Die Aufgaben des Verkehrsmanagements sind in der Folge durch eine steigende Komplexität gekennzeichnet.

> Individuelles Verkehrsmanagement sowie die Harmonisierung individueller und kollektiver Beeinflussungsstrategien gewinnen stark an Bedeutung.

Ein Ende in der Dynamik dieser Entwicklungen ist derzeit noch nicht absehbar, und heute gelten die IVS sowohl auf nationaler Ebene als auch auf Ebene der EU als Schlüsselinstrument zur Gestaltung eines sicheren, leistungsfähigen, wirtschaftlichen und umweltverträglichen Verkehrssystems. Es wird erwartet, dass der Einsatz von IVS erheblich dazu beitragen wird, das zum Teil wachsende Verkehrsaufkommen überhaupt bewältigen zu können und den Verkehrskollaps zu vermeiden.

> IVS sind ein Schlüsselinstrument zur nachhaltigen Gestaltung von Verkehrssystemen.

Für die Entwicklung und Nutzung interoperabler Telematikdienste bieten nationale IVS-Architekturen wesentliche Vorteile. Die Planung Intelligenter Verkehrssysteme erreicht schnell eine hohe Komplexität, die sich bereits aus der Vielzahl möglicher Dienste und Anwendungen ergibt, weswegen solche Architekturen dringend benötigt werden. Ansonsten führen individuelle Vorgehensweisen zu technischen Insellösungen, die unvernetzt betrieben werden und damit erhebliche Wohlfahrtsverluste verursachen. Für Deutschland ist heute festzustellen, dass der Grad an Interoperabilität von IVS, abgesehen von Einzelprojekten, immer noch als gering zu bezeichnen ist (vgl. Wissenschaftlicher Beirat 2011). Das Wissen um geeignete technische Lösungen ist heute oftmals nicht mehr das Problem, sondern vielfach sind es eher organisatorisch-institutionelle Hürden.

> Die Entwicklung einer nationalen IVS-Architektur wird für Deutschland wird von Verkehrsexperten bereits seit langem gefordert.

2.3   Notwendigkeit für eine IVS-Architektur

Gibt es keine Rahmenbedingungen für IVS, wird bspw. auch die Investitionsbereitschaft von Unternehmen geschwächt, weil unklar bleibt, welche Systeme am Markt benötigt werden. Als weitere Folge werden die Systeme individuell geplant und umgesetzt, so dass oftmals technische Insellösungen entstehen.

Die Feststellung, dass IVS Koordinierung brauchen, ist durchaus nicht neu. Bereits im Jahr 1995 hat Jakob festgestellt, dass *„die Regeleinführung von Telematiksystemen erhebliche Probleme* [bereitet], *weil die hierzu erforderlichen verkehrspolitischen Rahmenbedingungen* [...] *weitgehend unterentwickelt sind".* *„Es fehlt derzeit an der erforderlichen Planungssicherheit für die Tätigung von Investitionen durch private Unternehmen,* [...]*."* Und: Es war damals *„festzustellen, dass unsere stark gegliederte föderalistische Struktur objektiv vermeidbare Verzögerungen in der Systemeinführung mit sich bringt, die sich volkswirtschaftlich negativ auswirken."* (Jakob 1995)

Diese bereits vor 20 Jahren beschriebenen Probleme konnten aus heutiger Sicht noch immer nicht grundlegend gelöst werden. Für die Zukunft verschärfen sich sogar die Probleme, die aus dem Fehlen von klaren Rahmenbedingungen entstehen, immer weiter mit der zunehmenden Vielfalt an verkehrstechnischen Produkten und nutzbaren Datenquellen.

Wie der Begriff „Telematik" bereits deutlich macht (s. Abschn. 2.1), erfordern IVS besonders auch interdisziplinäre Fachkenntnisse: Neben Verkehrsexperten aus verschiedensten Bereichen (z. B. ÖV, IV, Fuß- oder Radverkehr, getrennt nach außerörtlicher oder innerörtlicher Zuständigkeit) sind auch Fachleute aus anderen Disziplinen (z. B. Informatik, Elektrotechnik, aber auch politische Entscheidungsträger) zu beteiligen. Die Vielzahl der Beteiligten führt in der Praxis dazu, dass oftmals fachliche Beschreibungen aus unterschiedlichen, individuellen Blickwinkeln geliefert werden (je nach Tätigkeitsschwerpunkt der einzelnen Person). Gibt es keine klare Struktur, nach denen IVS beschrieben werden, führt dies heute immer wieder zu Missverständnissen und fachlichen Inkompatibilitäten.

> Eine klare und abgestimmte Struktur zur Beschreibung von IVS wird benötigt, um eine effiziente Kommunikation von Beteiligten zu ermöglichen.

Auch zukünftig sind klare Rahmenbedingungen von großer Bedeutung. Sehr anschaulich beschreibt das Bundesministerium für Bildung und Forschung (BMBF) in der Veröffentlichung „Morgenstadt – Eine Antwort auf den Klimawandel", dass die Stadt der Zukunft im Umfeld „*verschärfter Baustandards*" entstehen wird und dass dort „*Bürgermeister und Magistrat* [...] *Planungshoheit und Entscheidungshoheit in einst unbekanntem Maß erwarben*" (BMBF 2013). Innovation braucht also auch Rahmenbedingungen. Innovation braucht Ziele, denen die zu entwickelnden Systeme dienen sollen. Solche Ziele hemmen keine Innovationen sondern fördern deren Entstehung, weil sie die Richtung des Entwicklungsprozesses aufzeigen.

Auch die Bundesregierung hat die Notwendigkeit von Rahmenbedingungen im Bereich datenverarbeitender Systeme erkannt und eine Rahmenarchitektur IT-Steuerung Bund entwickelt (Bundesministerium des Inneren 2010). Die darin beschriebenen Anforderungen und Ziele lassen sich sehr gut auf die verkehrstelematischen Systeme übertragen, und gelten ebenso auch für diesen Bereich (z. B. bessere, flexiblere, effizientere, wirtschaftliche IT, Staat setzt den Rahmen für Technikinnovation) (vgl. Beyer 2010).

2.4   Umfeld für IVS aus Sicht der Verkehrsplanung.

In Abb. 2.2 sind einige Treiber (+) und Hemmnisse (−) für die Entwicklung von IVS aus Sicht der Verkehrsplanung dargestellt. Die Komplexität von Wechselwirkungen bei der Planung von IVS wird darin aufgezeigt. In Tab. 2.1 und 2.2 sind die gezeigten Faktoren im Einzelnen erklärt.

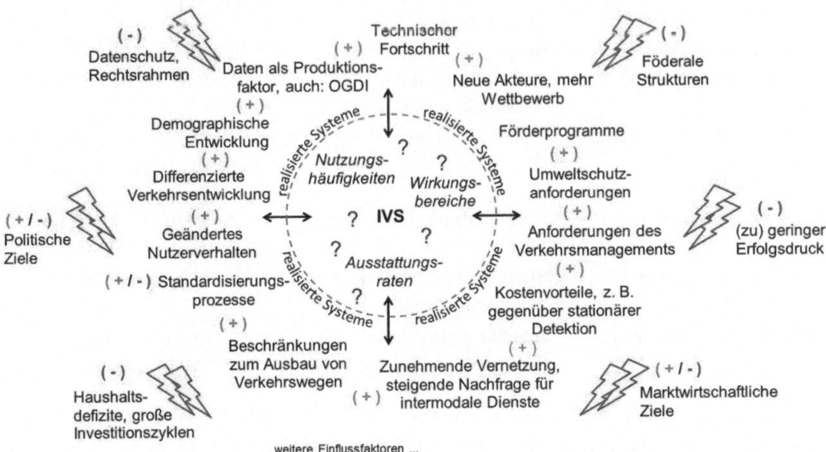

Abb. 2.2 Dynamik im Umfeld Intelligenter Verkehrssysteme aus Sicht der Verkehrsplanung (Eigene Darstellung; (+) Treiber, (−) Hemmnis für die Realisierung von IVS OGDI: Open Government Data Initiative – vgl. Europäische Kommission 2011a, b)

Tab. 2.1 Trends, die sich als Treiber bzw. Hemmnisse für die Einführung von IVS auswirken

Trend	Ausprägung	Wirkung (Regelfall)
Daten werden Produktionsfaktor, auch: Open Government Data Initiative	Immer größere Bedeutung von Daten für die Wertschöpfung, immer mehr Daten verfügbar	+ Mehr IVS sowie neue Akteure, die IVS anbieten
Demografische Entwicklung	Höherer Anteil älterer Menschen	+ Steigender Bedarf für angepasste IVS
Differenzierte Verkehrsentwicklung	Zunahme des Verkehrs in Ballungsräumen, Abnahme in ländlichen Gebieten	+ Steigender Bedarf zur flexiblen Nutzung von Verkehrsinfrastruktur
Geändertes Nutzerverhalten	Sinkende Bedeutung des eigenen PKW. Lieber nutzen statt besitzen	+ Steigender Bedarf für intermodale IVS
Standardisierungsprozesse	Erarbeitung von Spezifikationen für IVS	+ Überwindung proprietärer Schnittstellen - langwierige Abstimmungsprozesse. Lösungen bleiben hinter der technischen Entwicklung zurück
Beschränkungen zum Ausbau von Verkehrswegen	Kapazität der vorhandenen Infrastruktur bleibt weitgehend bestehen	+ Steigender Bedarf zur flexiblen Nutzung der vorhandenen Verkehrsinfrastruktur
Zunehmende Vernetzung	steigende Nachfrage für intermodale Dienste	+ Steigender Bedarf für intermodale
Kostenvorteile, z. B. gegenüber stationärer Detektion	Steigende Verbreitung neuer IVS (z. B. Floating Car Data, Floating Phone Data)	+ Höhere und bessere Abdeckung mit IVS
Anforderungen des Verkehrsmanagements	Steigende Integration und Komplexität des Verkehrsmanagements	+ Steigender Bedarf für weiterentwickelte IVS
Umweltschutzanforderungen	Höhere Auflagen	+ Bedarf zur situationsangepassten Nutzung des Verkehrssystems
Förderprogramme	Bereitstellung finanzieller Mittel	+ Förderung der Nutzung von IVS
Neue Akteure, mehr Wettbewerb	Steigende Anzahl von Marktteilnehmern	+ Mehr IVS verfügbar
Technischer Fortschritt	Zunehmende Anzahl technischer Möglichkeiten	+ Mehr und neue IVS verfügbar

Tab. 2.2 Inhärente Rahmenbedingungen, die sich als Treiber bzw. Hemmnisse für die Einführung von IVS auswirken

Inhärente Rahmenbedingung	Ausprägung	Wirkung (Regelfall)
Datenschutz, Rechtsrahmen	Recht zur informationellen Selbstbestimmung (vgl. BDSG[5])	− Hemmnis für die Realisierung von IVS
Politische Ziele	Wunsch nach öffentlichkeitswirksamen Projekten (innerhalb einer Legislaturperiode)	− mangelnde Unterstützung von IVS-Projekten + Treiber für die Realisierung von IVS-Projekten
Haushaltsdefizite, große Investitionszyklen	Mehr als 7 Mrd. € jährliches Defizit für den Erhalt der bestehenden Verkehrsinfrastruktur (vgl. Daere 2012)	− Fehlende finanzielle Mittel zur Realisierung von IVS
Marktwirtschaftliche Ziele	Gewinnmaximierung	− Förderung proprietärer Systeme + Streben nach Standardisierung zur Öffnung neuer Märkte
(zu) geringer Erfolgsdruck	Lösung von Verkehrsproblemen kann zu Budgetkürzungen bei öffentlichen Institutionen führen	− zu geringe Unterstützung von IVS Projekten
Föderale Strukturen	Erfordernis zur umfassenden Abstimmung von Prozessen	− Negative Beeinflussung der Umsetzbarkeit von IVS

Im inneren des Kreises in Abb. 2.2 ist dargestellt, dass aus dem skizzierten Spannungsfeld zwischen Treibern und Hemmnissen heraus die IVS realisiert werden, die sich wiederum bspw. nach Wirkungsbereichen, Ausstattungsraten und Nutzungshäufigkeiten unterscheiden lassen. Der Umfang tatsächlich realisierter IVS wird von den umgebenden Treibern bzw. Hemmnissen stark beeinflusst.

Die möglichen Vorteile von IVS liegen deutlich auf der Hand. Doch warum verbreiten sich diese Systeme nicht schneller, und warum gibt es z. B. in Deutschland heute noch immer keine nationale IVS-Architektur wie in so vielen anderen Ländern? Als übergeordnetes Hemmnis für die Entwicklung und Einführung von IVS in Deutschland lassen sich vor allem inhärente Rahmenbedingungen identifizieren. Dazu zählen z. B. stark begrenzte Finanzhaushalte der öffentlichen Aufgabenträger sowie große Investitionszyklen für verkehrstechnische Systeme, komplexe föderale Strukturen, mitunter zu geringer Erfolgsdruck bei öffentlichen Institutionen und besonders auch zu geringer Gestaltungswille bei zuständigen Aufgabenträgern, hohe Anforderungen des Datenschutzes sowie wirtschaftliche und politische Interessen (Abb. 2.2). Neben den hier beschriebenen Faktoren gibt es noch weitere

Rahmenbedingungen, die Einfluss auf die Anzahl der realisierten IVS haben. Dazu zählt z. B. das Dilemma, dass Nutzen und Kosten von IVS bei verschiedenen Akteuren entstehen können oder auch die Nutzerakzeptanz.

Trotz dieser wesentlichen Hemmnisse und des aufgezeigten Spannungsfelds wird aus Sicht des Autors erwartet, dass die Weiterentwicklung von IVS unabdingbar ist und zunehmend mehr Systeme in Deutschland eingeführt werden.

---

[5] BDSG: Bundesdatenschutzgesetz.

Begriffsdefinitionen sowie Nutzen- und Kostenaspekte 3

3.1 Begriffsdefinitionen

Der Architekturbegriff wird heute in zahlreichen Disziplinen verwendet und als ein Schwerpunkt auch im Bereich Informationstechnik (IT) bei der Gestaltung von Software-Projekten benutzt. Das Institute of Electrical and Electronics Engineers (IEEE) definiert den Begriff Architektur im IT-Umfeld wie folgt: *„The fundamental organization of a system embodied in its components, their relationships to each other, and to the environment, and the principles guiding its design and evolution"* (IEEE 2000).

Architektur meint *„die organisatorische Struktur eines Systems oder einer Komponente"* (Grechenig et al. 2010) und beinhaltet damit die geordnete Beschreibung eines Systems einschließlich seiner Elemente und Strukturen sowie der Beziehungen von Systemelementen, auch zur Außenwelt hin. Dabei umfasst die Beschreibung eines Systems und seiner Strukturen oftmals verschiedene Ebenen wie z. B. Datenflussstrukturen, Modulstrukturen, Prozessstrukturen etc. (Grechenig et al. 2010). Darüber hinaus beinhaltet der Begriff gemäß der o. g. Definition auch Prinzipien zur Gestaltung und Entwicklung von Systemen. Architekturen werden für unterschiedliche Abstrahierungsebenen entworfen. Im Bereich der Software-Architekturen werden hierfür Makro- und Mikroarchitekturen unterschieden. Die Mikroarchitektur stellt dabei den detaillierten Systementwurf dar. Die Makroarchitektur ist dagegen auf einem höheren Abstraktionsniveau und stellt den Rahmen für die Mikroarchitektur bereit (Grechenig et al. 2010).

Diese Grundsätze gelten prinzipiell auch für den Verkehrsbereich. Im Themengebiet der IVS-Architekturen existiert eine Vielzahl von Begriffsbezeichnungen, deren Verwendung häufig variiert. Abgestimmte und akzeptierte Begriffsbestimmungen sind für die effiziente Zusammenarbeit der Beteiligten von grundlegender Bedeutung. Die nachfolgend dargestellten Begriffsbestimmungen bauen wesent-

© Springer Fachmedien Wiesbaden 2015
P. Krüger, *Architektur Intelligenter Verkehrssysteme (IVS)*, essentials,
DOI 10.1007/978-3-658-10280-7_3

lich auf die bereits früher von Busch et al. (2007) und – teilweise hieran angelehnt – Rittershaus (2009) vorgelegten Begriffsbestimmungen auf. Sie wurden in Rahmen mehrerer Forschungsprojekte in Workshops abgestimmt und dokumentiert (vgl. Boltze et al. 2011).

3.2 Nationales und lokales IVS-Leitbild

„Das nationale IVS-Leitbild formuliert eine klar strukturierte, übergeordnete, langfristige politische Zielvorstellung im Hinblick auf den Einsatz von Verkehrstelematik, welche die Interessen der beteiligten Akteure und Nutzer berücksichtigt sowie Ziele und Nutzen darstellt. Das nationale IVS-Leitbild wird in einem Rahmenplan konkretisiert, der Festlegungen zu Zuständigkeiten, Rollen und Beteiligten sowie zu Strategien und Maßnahmen trifft und einen groben Realisierungsplan enthält.“

Für den Fall der spezifischen Konkretisierung eines nationalen IVS-Leitbilds für einen Aufgabenträger oder einen Anwendungsraum wird die Begriffsbezeichnung aufgabenträgerspezifisches bzw. lokales IVS-Leitbild verwendet, auf welche die oben genannte Definition sinngemäß übertragen wird.

3.3 IVS-Rahmenarchitektur und IVS-Gesamtarchitektur

„Die IVS-Rahmenarchitektur liefert den Umsetzungsrahmen für die Realisierung des IVS-Leitbildes und des Rahmenplans. Sie beschreibt Funktionsabläufe und Organisationsformen zusammen mit Schnittstellendefinitionen für auf verschiedenen Ebenen arbeitende, verteilte, kommunizierende Anwendungen und Komponenten. Die Rahmenarchitektur umfasst konzeptionell-funktionale, technisch-physische und organisatorisch-institutionelle Beschreibungen und Vereinbarungen, die so konkret sein müssen, dass sich die Funktionen kompatibel realisieren lassen, aber so abstrakt sein sollten, dass Gestaltungsspielraum bei der Realisierung von Projekten vorhanden ist.“

Die Rahmenarchitektur sollte so umfassend wie möglich sein und auch die künftige Erweiterbarkeit für innovative Systeme vorsehen. Die Beschreibung in der Rahmenarchitektur bedeutet noch nicht, dass alle dort beschriebenen Funktionalitäten und Systeme auch tatsächlich realisiert werden. Dies ist im Rahmenplan zusammen mit entsprechenden Zeitplänen festgelegt. Sollte jedoch eine bestimmte Funktion zur Einführung kommen, so ist in der Rahmenarchitektur bereits grundsätzlich festgelegt, wie diese Einführung zu erfolgen hat.

Für den Fall der konkreten aufgabenträgerspezifischen bzw. lokalen Umsetzung der Rahmenarchitektur wird die Begriffsbezeichnung Gesamtarchitektur verwendet, auf welche die oben genannte Definition sinngemäß übertragen wird.

3.4 IVS-Referenzarchitektur und Systemarchitektur

„Die Referenzarchitektur ist die Spezialisierung der Rahmenarchitektur für einen allgemeinen Anwendungsfall, z. B. die Lichtsignalsteuerung oder das Parkleitsystem einer Stadt. Sie basiert auf abgestimmten und akzeptierten Begriffen sowie formalisierten Schnittstellenbeschreibungen zur interoperablen Kommunikation mit allen erforderlichen Randbedingungen und organisatorischen Maßnahmen, die erforderlich sind, damit das System dauerhaft funktioniert.

Die Referenzarchitektur beinhaltet

die Spezifikation der zu realisierenden Funktionalitäten,
die Spezifikation der Implementierung dieser Funktionen in Komponenten,
die Spezifikation der Schnittstellen und der Kommunikation zwischen den einzelnen Systemteilen,
die Spezifikation der im System verwendeten Datentypen und deren Struktur (Datenmodelle) sowie
die institutionelle Beschreibung inkl. des Rollenmodells und der beteiligten Organisationen.

Dabei ist die Beschreibung so detailliert, dass die Referenzarchitektur als Mustervorlage (Blueprint) für die Umsetzung konkreter Anwendungsfälle dienen kann."

Für den Fall der konkreten aufgabenträgerspezifischen bzw. lokalen Umsetzung der Referenzarchitektur wird die Begriffsbezeichnung Systemarchitektur verwendet, auf welche die oben genannte Definition sinngemäß übertragen wird. Bei der Ableitung einer Systemarchitektur aus einer Referenzarchitektur sind immer die bereits vorhandenen Systeme und organisatorischen Rahmenbedingungen zu berücksichtigen.

Gemeinsam bilden die drei in Abb. 3.1 links dargestellten Ebenen die nationale IVS-Architektur, welche, systematisch angewendet, das volle Potenzial zur Entwicklung interoperabler IVS entfaltet.

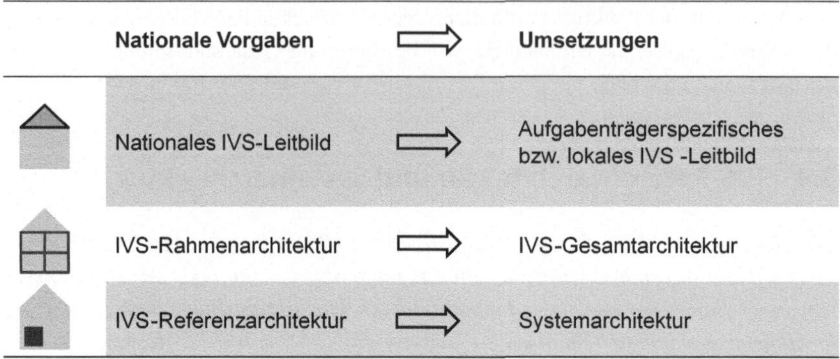

Abb. 3.1 Begriffssystematik und Begriffshierarchie (vgl. Boltze et al. 2011)

3.5 Nutzen und Kosten nationaler IVS-Architekturen

Vorteile, die aus der Nutzung einer IVS-Rahmenarchitektur entstehen, wurden bereits in zahlreichen Arbeiten beschrieben (z. B. FRAME 2000; PIARC 2004; U.S. DoT 2007; Halbritter et al. 2008). Einige der dort beschriebenen Vorteile sind hier wiedergegeben, weiterentwickelt und ergänzt worden. Eine vollständige Beschreibung dazu findet sich in Krüger (2013).

Planungsvorteile
Reduzierung des Planungsaufwands Die IVS-Rahmenarchitektur stellt ein einheitliches Vorgehen für die Entwicklung von IVS sicher. Damit muss die methodische Vorgehensweise zur Entwicklung von IVS nicht mehr individuell für jedes Projekt neu geplant werden.

Förderung von Interoperabilität Als Ausgangspunkt für die Planung von IVS sichert die IVS-Rahmenarchitektur ein einheitliches Vorgehen und fördert damit in besonderem Maße auch die Interoperabilität der Systeme.

Sicherstellung von Qualitätsstandards Die Anwendung der IVS-Rahmenarchitektur und der ihr zugehörigen Spezifikationen stellen einheitliche Qualitätsstandards für die realisierten IVS sicher.

Weiterentwicklung bestehender IVS-Dienste Aus den systematischen Beschreibungen lassen sich Verbesserungspotenziale für bestehende IVS identifizieren.

Damit kann die IVS-Rahmenarchitektur auch zur Weiterentwicklung bestehender IVS-Dienste und -Funktionen beitragen.

Hinweise auf Potenziale für neue IVS Aus den systematischen Beschreibungen lassen sich Bereiche aufzeigen, für die neue IVS-Dienste oder -Anwendungen entwickelt werden sollten. Damit kann die IVS-Rahmenarchitektur auch Forschungs- und Entwicklungsbedarf aufzeigen und systematisch als Treiber für Innovationen genutzt werden.

Aufzeigen von Bereichen für Standardisierung oder Referenzarchitekturen Die Rahmenarchitektur stellt die möglichen IVS in ihrem Zusammenhang dar. Daraus werden auch Bereiche erkennbar, für die Standardisierungen angestrebt werden sollten. Damit leistet die Rahmenarchitektur auch einen Beitrag zur Überwindung proprietärer Schnittstellen und zeigt darüber hinaus Anforderungen an bestehende oder zukünftige Normen auf.

Wirtschaftliche Vorteile

Kosten- und Zeitersparnis Bspw. lassen sich durch das systematische Vorgehen mögliche Planungsfehler früh erkennen und infrage kommende Alternativen kostengünstig überprüfen. Dies ermöglicht Anpassungen zu einem frühen Zeitpunkt im Systementwicklungsprozess, was grundsätzlich weniger aufwendig ist als spätere Anpassungen.

Entstehung eines offenen und transparenten Marktes für Hard- und Software Der Marktzugang wird erleichtert, da die Rahmenbedingungen dort langfristig geordnet sind. Dies führt auch zu mehr Wettbewerb zwischen Anbietern und damit zu günstigeren Preisen für die Kunden. Darüber hinaus wird insbesondere auch die Investitionsbereitschaft von Marktteilnehmern gefördert.

Senkung der Entwicklungskosten Da die Rahmenbedingungen, in denen IVS genutzt werden, die Ziele für den Einsatz von IVS und letztlich auch die IVS-Anwendungen klar sind, sinken die Entwicklungskosten für bestehende und neue IVS.

Senkung der Implementierungskosten Durch Nutzung der IVS-Rahmenarchitektur lassen sich IVS-Projekte schneller, effizienter und kostengünstigerer umsetzen.

Senkung der Betriebs- und Instandhaltungskosten Da die auf Basis der IVS-Rahmenarchitektur aufgebauten IVS auf den gleichen Planungsgrundsätzen basieren, sinken letztlich auch Betriebs- und Instandhaltungskosten.

Senkung der Marktpreise für IVS Sofern Anbieter, die aus den oben beschriebenen Punkten resultierenden Kostenvorteile an die Kunden weitergeben, sinken auch allgemein die Preise für IVS.

Kosten

Um die oben dargestellten Vorteile zu erlangen, entstehen Kosten für die Entwicklung, Verwaltung und Fortschreibung der IVS-Rahmenarchitektur. Ebenso entstehen Kosten für die Entwicklung, Verwaltung und Fortschreibung geeigneter Hilfsmittel wie z. B. Software Tools, Leitfäden, Anwenderseminare. Für Deutschland wird erwartet, dass der entstehende Nutzen die Kosten bei weitem übersteigt (vgl. Wissenschaftlicher Beirat 2011). Der Umstand, dass andere Länder weltweit Ihre nationalen IVS-Architekturen langfristig pflegen und fortschreiben legt nahe, dass auch in anderen Ländern die Vorteile die Kosten überwiegen.

Entwicklungsstand 4

4.1 Entwicklungsstand in Deutschland

Bezogen auf die oben dargestellten Begriffsdefinitionen ist der Entwicklungsstand in Deutschland wie folgt gekennzeichnet: Mit dem nationalen IVS-Aktionsplan hat das BMVBS ein übergeordnetes IVS-Leitbild für den Straßenverkehr vorgelegt, das die zukünftig weiter hohe Bedeutung von IVS in Deutschland verdeutlicht. Darin sind insgesamt 26 Leitsätze beschrieben, die bspw. auch eine intermodale IVS-Architektur als Zielperspektive für Deutschland benennen (Leitsatz III.). Ebenso wird festgestellt, dass die *„umfassende Einführung von IVS in der Fläche"* einer *„grundsätzlichen konzeptionellen Ausgestaltung"* bedarf, die *„unter Einbeziehung aller Zuständigkeitsbereiche erreicht werden"* soll (Leitsatz IV.). Weitergehend wird auch festgeschrieben, dass eine transnationale Kompatibilität aktiv gefördert werden soll (Leitsatz XIX) (vgl. BMVBS 2012). In naher Zukunft plant das BMVI darüber hinaus auch ein intermodales IVS-Leitbild zu veröffentlichen.

Bis heute existiert noch keine umfassende IVS-Rahmenarchitektur in Deutschland. In 2014 wurde von Kieslich et al. ein Modell für eine IVS-Rahmenarchitektur ÖV entwickelt und vorgestellt. Es ist jedoch mit dieser Arbeit keine Architektur im Sinne von Boltze et al. (2011) oder FGSV (2012) vorgeschlagen worden. Mit den Ausschreibungen der Bundesanstalt für Straßenwesen (BASt), die im Februar 2015 veröffentlicht worden sind, wird nun voraussichtlich noch in diesem Jahr die systematische Entwicklung der nationalen IVS-Rahmenarchitektur für Deutschland begonnen. Die vier Ausschreibungen zur „Entwicklung einer IVS-Rahmenarchitektur Straße" befassen sich mit der wissenschaftlichen Begleitung der Erarbeitung der IVS-Rahmenarchitektur (Los 1). Die übrigen Teile 2 bis 4 erarbeiten parallel und in enger Abstimmung mit Los 1 IVS-Referenzarchitekturen für die Bereiche „Verkehrsinformation Individualverkehr (über alle Kommunikationswege inkl. C2X)" (Los 2), „ Zuständigkeitsübergreifendes Verkehrsmanagement" (Los 3) so-

© Springer Fachmedien Wiesbaden 2015
P. Krüger, *Architektur Intelligenter Verkehrssysteme (IVS),* essentials,
DOI 10.1007/978-3-658-10280-7_4

wie „Multimodale Reiseinformation" (Los 4). Mit diesen vier Ausschreibungen wird die Maßnahme 2.2 aus dem IVS-Aktionsplan des Bundesverkehrsministeriums umgesetzt (BMVBS 2012).

Eine nationale IVS-Architektur, die sich aus Leitbild, Rahmenarchitektur und Referenzarchitekturen zusammensetzt, kann die zahlreichen etablierten und leistungsfähigen IVS in Deutschland keinesfalls unberücksichtigt lassen. Damit sind bereits in zahlreichen Architekturen etliche Teilbereiche einer nationalen Architektur festgelegt, wie z. B. in den Technischen Lieferbedingungen für Streckenstationen (TLS) oder dem Merkblatt für die Ausstattung von Verkehrsrechnerzentralen und Unterzentralen (MARZ) (BAST 2012b, 1999) oder verschiedenen Spezifikationen des Verbands Deutscher Verkehrsunternehmen e. V. (VDV). Auf Ebene der IVS-Referenzarchitektur gibt es also etliche Systeme. Es gibt aber für Deutschland derzeit noch keinen übergeordneten Zusammenhang, nach dem die Systeme beschrieben und geordnet sind.

4.2 Entwicklungsstand international

In Krüger (2013) wurden zahlreiche nationale IVS-Architekturen detailliert analysiert und das methodische Vorgehen für die Entwicklung von IVS anhand eines Anwendungsbeispiels erprobt. Eine zweite Analyse nationaler IVS-Architekturen in diesem Umfang und deren exemplarische Anwendung ist dem Autor zum Zeitpunkt dieser Manuskripterstellung nicht bekannt (Stand: Februar 2015).

Die Entwicklungen nationaler IVS-Architekturen sind im Ausland bereits sehr weit vorangeschritten und die nationalen IVS-Architekturen werden überwiegend kontinuierlich fortgeschrieben und erweitert (s. Abb. 4.1).

Die europäische IVS-Rahmenarchitektur FRAME (FRamework Architecture Made for Europe) und die US-amerikanische NITSA (National ITS Architecture) sind zentrale Grundlagen für die Entwicklung nationaler IVS-Architekturen weltweit. Nahezu alle der in Europa analysierten IVS-Architekturen basieren auf FRAME, und alle der außerhalb Europas analysierten IVS-Architekturen haben sich mehr oder weniger eng an den Vorarbeiten der US-NITSA orientiert (s. Abb. 4.1). Ausnahmen beziehen sich auf IVS-Architekturen, die sich bezgl. des inhaltlichen Umfangs deutlich unterscheiden (z. B. Niederlande oder Schweiz). Deswegen verwundert es nicht, dass FRAME in diesen Ländern nicht verwendet wurde oder verwendet werden konnte.

Meist beschränken sich die nationalen IVS-Architekturen auf den Straßenverkehr. Bezgl. Intermodalität werden oft Schnittstellen zur Anbindung weiterer Verkehrsträger benannt. Ein umfassender Ansatz, der alle Verkehrsträger berücksich-

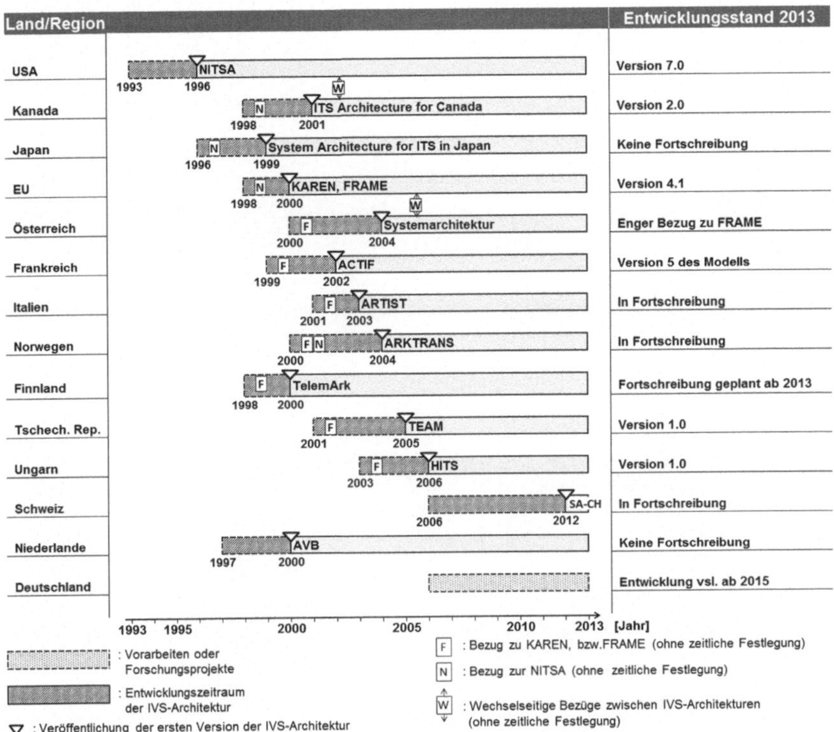

Abb. 4.1 Zeitliche Entwicklung nationaler IVS-Architekturen (Krüger 2013)

tigt, ist bis heute in der Praxis nicht realisiert. Norwegen liefert aber bereits einen methodisch klar multimodal orientierten Ansatz in der nationalen IVS-Architektur ARKTANS (ARKTRANS 2013, SINTEF 2009).

Die Unterscheidung von funktionalen, technischen sowie organisatorischen Fachinhalten ist weltweit etabliert. Dies deckt sich mit Vorgaben der EU (Europäische Kommission 2010) oder auch zahlreichen anderen Empfehlungen wie z. B. CONVERGE (1998), ISO (2010), IEEE (2000), Zackor (1999), und den oben dargestellten Begriffsbestimmungen.

Zwischen den analysierten IVS-Architekturen bestehen beträchtliche Unterschiede, die sich z. B. auf die Tiefe von Festlegungen oder ihren inhaltlichen Zuschnitt beziehen. Landesspezifische sowie politische Anforderungen prägen die IVS-Architekturen maßgeblich.

Inhaltliche Struktur nationaler IVS-Architekturen 5

5.1 Fachliche Darstellungsebenen

Analysiert man die international etablierten methodischen Hinweise für die Entwicklung von IVS (z. B. ISO 2010, IEEE 2000, CONVERGE 1998) sowie vorhandene nationale IVS-Architekturen, lassen sich sehr deutlich Modellelemente identifizieren, nach denen IVS systematisch beschrieben werden.

> Es gibt international zahlreiche methodische Hinweise und Standards für die systematische Beschreibung von IVS.

Ein wesentliches Modellelement bezieht sich auf fachliche Darstellungsebenen (auch: Fachinhalte oder Engl.: Viewpoints). Dabei werden zunächst konzeptionell-funktionale Aspekte, technisch-physische Aspekte sowie organisatorisch-institutionelle Aspekte beschrieben (vgl. Abb. 5.1). Vereinfacht lassen sich diese drei Ebenen auch als „Funktionen", „(Verkehrs-)Technik" und „Organisation" beschreiben (s. Abschn. 4.2).

Funktionen (in der Literatur oftmals auch „Aufgaben" genannt) sind losgelöst von jeder Technik und beschreiben, „was" das IVS können soll. Die Funktionsbeschreibungen sind hierarchisch gegliedert, von Funktionsbereichen bis hin zu elementaren Funktionen.

Typische Funktionsbereiche für Intelligente Verkehrssysteme sind beispielhaft (ISO 2007) in Tab. 5.1 dargestellt.

In einem Funktionsbereich „Management des Öffentlichen Verkehrs" (vgl. „Public Transport" in Tab. 5.1) kann z. B. ein Unterfunktionsbereich „Fahrgastinformation im Öffentlichen Verkehr" enthalten sein. In diesem Unterfunktions-

© Springer Fachmedien Wiesbaden 2015
P. Krüger, *Architektur Intelligenter Verkehrssysteme (IVS)*, essentials,
DOI 10.1007/978-3-658-10280-7_5

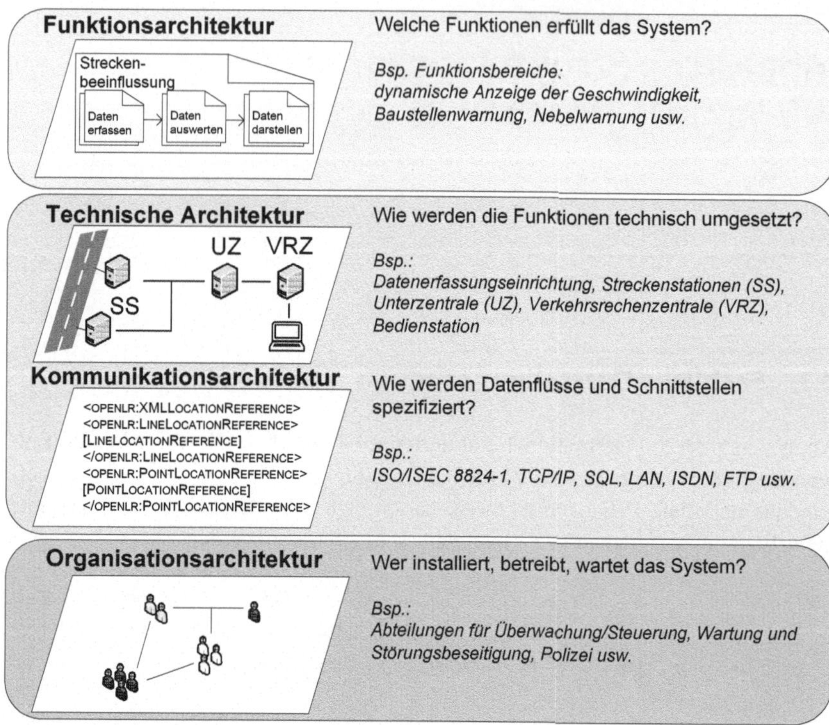

Abb. 5.1 Veranschaulichung des Prinzips fachlicher Darstellungsebenen von Intelligenten Verkehrssystemen am Beispiel einer Streckenbeeinflussungsanlage

bereich kann weiterhin eine Unterfunktion z. B. wie folgt beschrieben sein: „Der Fahrgast soll minutengenau über die prognostizierte Ankunftszeit des öffentlichen Verkehrsmittels informiert werden". Auf der untersten Hierarchieebene der Funktionsarchitektur sind schließlich die elementaren Funktionen (auch: Prozessschritte oder Aufgaben) „Daten erheben", „Daten verarbeiten", „Daten ausgeben" zuzuordnen (s. Abschn. 2.1). Für das o. g. Beispiel könnten als elementare Funktionen genannt werden: „Öffentliches Verkehrsmittel orten", „digitale Kartendaten beziehen", „Ankunftszeit prognostizieren", „Berechnete Ankunftszeit ausgeben" usw.

Die Beschreibung der Funktionen sagt bewusst noch nichts über verkehrstechnische Geräte aus. Diese Festlegung wird dann auf der separaten Ebene „(Verkehrs-)Technik" getroffen und beantwortet die Frage: „Wie setze ich eine Funktion technisch um?" Für das o. g. Beispiel könnte man vereinfacht sagen: über ein System zur dynamischen Fahrgastinformation (DFI) oder eine Smartphone App. In der Regel wird als Konkretisierung der technischen Architektur auch eine Kom-

Tab. 5.1 Typische Funktionsbereiche für IVS (vgl. ISO 2007)

Functional area (or: service domain)	Description
Traveller information	Provision of both static and dynamic information about the transport network to users, including modal options and transfers
Traffic management and operations	The management of the movement of vehicles, travellers and pedestrians throughout the road transport network
Vehicle services	Enhancement of safety, security and efficiency in vehicle operations, by warnings and assistances to users or control vehicle operations
Freight transport	The management of commercial vehicle operations, freight and fleet management, and activities that expedite the authorization process for cargo at national and jurisdictional boundaries and expedite cross-modal transfers for authorized cargo
Public transport	Operation of public transport services and the provision of operational information to the operator and user, including multi-modal aspects
Emergency	Services delivered in response to incidents that are categorized as emergencies
Transport-related electronic payment	Transactions and reservations for transport-related services
Road transport-related personal safety	Protection of transport users including pedestrians and vulnerable users
Weather and environmental conditions monitoring	Activities that monitor and notify weather and environmental conditions
Disaster response management and coordination	Road transport-based activities in response to natural disasters, civil disturbances or terror attacks
National security	Activities that directly protect or mitigate physical or operational harm to persons and facilities due to natural disasters, civil disturbances or terror attacks

munikationsarchitektur benötigt. Darin sind die Datenformate und Schnittstellen zwischen den technischen Geräten spezifiziert.

Für jede Funktion und jedes technische System sind auch Aufgaben zu benennen: „Wem gehört das Gerät?" „Wer baut, betreibt, wartet es?". An dem hier genannten Anwendungsfall könnten z. B. ein Verkehrsunternehmen sowie auch ein Anbieter für digitales Kartenmaterial beteiligt sein.

> IVS sind systematisch nach funktionalen, technischen sowie organisatorischen Fachinhalten zu beschreiben.

Die systematische Beschreibung dieser Ebenen führt zu einer umfassenden IVS-Architektur für Verkehrstechnik. Die IVS-Architektur schafft damit Ordnung und Orientierung für alle beteiligten Akteure.

> Jedes beliebige IVS kann systematisch in eine umfassende IVS-Architektur eingeordnet werden, wodurch die harmonisierte Weiterentwicklung von IVS entscheidend gefördert wird.

Diese umfassende Architektur bildet auch die Grundlage für die systematische Weiter- und Neuentwicklung von IVS, denn sie ermöglicht es, bestehende Prozesse zu überprüfen und ggf. zu verbessern (Prozessoptimierung) sowie auch Potenziale für neue Dienste zu identifizieren (vgl. Abschn. 3.5). Ebenso können auch vorhandene Funktionen systematisch überprüft werden, ob deren Anwendung räumlich auf andere Bereiche ausgedehnt werden sollte. So kann man systematisch zu der Erkenntnis gelangen, dass Funktionen des autonomen Fahrens[1] besonders auch in ländlichen Räumen vielversprechend eingesetzt werden können, weil damit der Betrieb von Öffentlichen Verkehrsmitteln wesentlich effizienter gestaltet werden kann und zudem die heute erheblichen Personalkosten reduziert werden können. Eine umfassende IVS-Architektur ist damit kein Hemmnis für Innovationen sondern ein Treiber der systematischen Weiterentwicklung von IVS. Voraussetzung dafür ist, dass die IVS-Architektur kontinuierlich gepflegt und weiterentwickelt wird.

> Eine umfassende nationale IVS-Architektur bildet die Basis für die systematische Weiter- und Neuentwicklung von IVS und ist ein Treiber für Innovationen.
> Eine nationale IVS-Architektur muss kontinuierlich gepflegt und fortgeschrieben werden.

In Abb. 5.1 sind die grundlegenden Fachsichten am vereinfachten Beispiel einer Streckenbeeinflussungsanlage zusammengefasst dargestellt. Auf den späteren Ebenen des Systementwicklungsprozesses werden zahlreiche weitere fachliche Darstellungsebenen ergänzt (z. B. Datenschutz usw.).

---

[1] Eine umfassende Einführung im Regelbetrieb von Systemen, die Funktionen des Autonomen Fahrens unterstützen, erfordert Anpassungen von Verhaltensrecht, Haftungsrecht und Zulassungsrecht in Deutschland, die heute noch nicht absehbar sind.

Aus der oben dargestellten Beschreibung wird deutlich, dass die Funktionsbeschreibungen von IVS immer auch den elementaren Datenverarbeitungsprozess mit berücksichtigen müssen. Für die Modellierung der Systeme ist deswegen die Verwendung Strukturierter Methoden besonders naheliegend, und in der Praxis werden entsprechend für die Modellierung umfassender nationaler IVS-Rahmenarchitekturen überwiegend Strukturierte Methoden verwendet. In Krüger (2013) wurden beide Methoden zur Modellierung von IVS erprobt und verglichen. In ISO (2012) sind darüber hinaus umfassende Hinweise zur Verwendung der Strukturierten Methoden für die Modellierung von IVS beschrieben.

In der Praxis ist, nach Auffassung des Autors dieses Beitrags, heute feststellbar, dass in Deutschland die vorhandenen und etablierten internationalen Vorarbeiten und Standards nicht umfassend genug berücksichtigt werden. Oftmals werden dann für bereits seit langem definierte Inhalte neue Begriffe vorgeschlagen, was einen übergreifenden Fachaustausch erheblich erschwert. Darüber hinaus gibt es für Deutschland auch einen Bedarf zur Weiterentwicklung von Partizipationsprozessen. In anderen Ländern, z. B. Norwegen, spielen IVS-Gemeinschaften, wie ITS Norway, eine aktive Rolle bei Verwaltung und Pflege der Architektur, und die Organisation wird auch von der Politik mit finanziellen Mitteln ausgestattet. Damit können Fachexperten gezielt ihr Wissen einbringen und zur Entlastung öffentlicher Aufgabenträger beitragen. In Deutschland sind vergleichbare Entwicklungen dagegen derzeit noch nicht so deutlich absehbar.

Mit den Ausschreibungen zur Entwicklung einer IVS-Rahmenarchitektur für Deutschland, die im Februar 2015 veröffentlicht worden sind, wird nun erstmalig auch eine umfassende Berücksichtigung internationaler Standards für die Entwicklung von IVS in Deutschland gesichert. Danach sind der Standard ISO 42010 als Fortschreibung von IEEE (2000) sowie das Vorgehensmodell TOGAF Grundlage der Architekturentwicklung.

5.2 Beispiel FRAME

FRAME hat einen klaren Fokus auf Funktionen. Es hängt besonders auch mit dem Subsidiaritätsprinzip innerhalb der EU zusammen, dass den EU-Mitgliedstaaten keine technische Architektur vorgegeben werden kann, und deswegen verbleibt FRAME auf einem funktionalen Abstraktionsniveau. Es kann auch nicht das Ziel sein, die in den einzelnen Ländern etablierten IVS auszutauschen, sondern es muss darum gehen, vielmehr dort, wo es nötig ist, deren Integration zu erreichen. Ein wesentliches Merkmal von FRAME ist die leichte Anpassbarkeit durch den Anwender. Bereits aus den oben dargestellten Analysen wurde deutlich, dass natio-

Tab. 5.2 Funktionsbereiche in FRAME (vgl. FRAME 2011, 2012)

Nr.	Functional area (Funktionsbereich)
1	Provide electronic payment facilities
2	Provide safety and emergency facilities – includes both in-vehicle and roadside "eCall" plus the management of the emergency services responses
3	Manage traffic – includes urban and inter-urban traffic management, plus parking, incident and demand management
4	Manage public transport operations – includes both regular and on-demand services, plus fare cards and vehicle sharing
5	Provide advanced driving assistance systems – includes support for in-vehicle services some of which are part of cooperative systems
6	Provide traveller journey assistance – includes both pre- and on-trip planning, plus traveller information
7	Provide support for law enforcement
8	Manage freight and fleet operations
9	Provide support for cooperative systems – includes support for cooperative systems not included elsewhere

nale IVS-Architekturen nicht identisch sind, sondern landesspezifisch ausgestaltet werden (müssen). Anpassungen sind in aller Regel notwendig, und FRAME ermöglicht dies kostengünstig und flexibel (anders als z. B. die NITSA der USA). Darüber hinaus unterstützt FRAME die Entwicklung der technischen Architektur und der Organisationsarchitektur in einem Software-gestützten Systementwicklungsprozess.

Auf der obersten Hierarchieebene werden in FRAME neun Funktionsbereiche unterschieden, und diese sind in Tab. 5.2 in den englischen Originalbezeichnungen dargestellt.

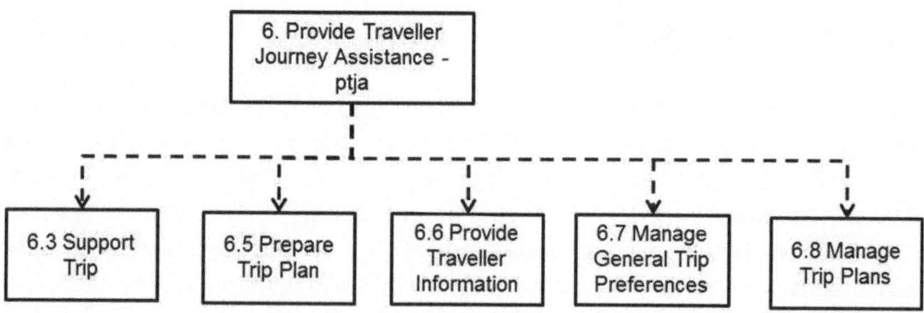

Abb. 5.2 Funktionsbereich 6 „Provide Traveller Journey Assistance" (vgl. FRAME 2011)

Abb. 5.3 Funktionsbereich
6.7 „Manage General Trip
Preferences" (vgl. FRAME
2011)

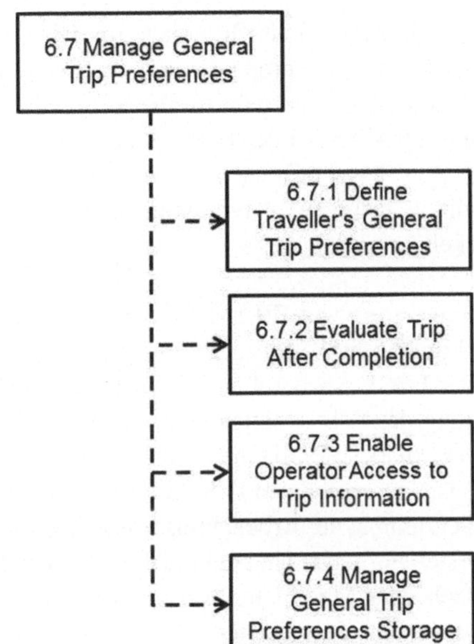

In diesen Bereichen befinden sich zahlreiche Unterfunktionen, die ihrerseits wieder aus Funktionen zusammengesetzt sind, bis hin zu elementaren Funktionen. In Abb. 5.2 ist als einfaches Verzweigungsdiagramm die Gliederung des Funktionsbereichs 6 dargestellt („Provide Traveller Journey Assistance").

Dieser Funktionsbereich beinhaltet Unterfunktionsbereiche, die z. B. die Berechnung von individuellen Reiseplänen (6.5: „Prepare Trip Plan"), die Ausgabe der Informationen an die Verkehrsteilnehmer (6.6: „Provide Traveller Information") oder auch die Verwaltung von Reisepräferenzen (6.7: „Manage General Trip Preferences") beinhalten. Im Unterfunktionsbereich 6.7 („Manage General Trip Preferences") sind bspw. wiederum Funktionen angelegt, die individuelle Präferenzen von Reisenden erfassen (6.7.1: „Define Traveller's General Trip Preferences"), verwalten und die Güte der Reise bewerten (s. Abb. 5.3). In diesem Aufsatz nicht dargestellt sind die in FRAME angelegten Datenflussdiagramme (Data Flow Diagramms), mit denen das Zusammenwirken von Funktionen und Datenflüssen beschrieben wird (vgl. dazu Krüger 2013). In FRAME wird die Abgrenzung des Systems zur Außenwelt klar festgelegt, und die Diagramme sind insgesamt für alle Entscheidungsträger leicht verständlich und nach Strukturierten Methoden (funktionale Dekomposition) modelliert.

FRAME soll als Grundlage für die Entwicklung nationaler IVS-Architekturen der Staaten in Europa dienen und bietet dafür eine sehr gute Ausgangsbasis. Die Praxis zeigt, dass nahezu alle Mitgliedstaaten in Europa diesem Beispiel folgen und FRAME bei der Entwicklung der nationalen IVS-Architektur mit betrachten (vgl. Abb. 4.1). Doch wieso verwendet man FRAME in Deutschland nicht? Wieso gibt es keine IVS-Architektur in Deutschland, die auf Basis von FRAME entwickelt wurde?

Bewertung von FRAME durch den FGSV-Arbeitskreis 3.1.4 „ITS-Systemarchitekturen"

Der FGSV AK 3.1.4 hat FRAME genauer bewertet und Hinweise für die Verwendung der IVS-Architektur in Deutschland gegeben (FGSV 2012). Darin werden verschiedene Probleme beschrieben, die eher gegen die Nutzung von FRAME als Basis der nationalen IVS-Architektur in Deutschland sprechen. Als Grundlage der Beurteilung des Arbeitskreises wurde ein IVS-Projekt in FRAME modelliert (Neuerstellung einer Unterzentrale auf einem BAB-Teilstück) und mit den Vorgaben nach dem Merkblatt für Verkehrsrechnerzentralen und Unterzentralen (MARZ) sowie den Technischen Lieferbedingungen für Streckenstationen (TLS) verglichen. Dabei wurde festgestellt, dass die Anforderungen aus MARZ und TLS nicht optimal zu den Vorgaben in FRAME passen (FGSV 2012). Dies ist letztlich auch folgerichtig, da MARZ und TLS nicht auf EU-Ebene eingeführt sind. Der Umstand, dass FRAME leicht durch den Nutzer angepasst werden kann, wurde in der Beurteilung des AK 3.1.4 nach Auffassung des Autors dieses Beitrages nicht vollständig gewürdigt, und ein umfassender Vergleich mit anderen IVS-Architekturen konnte bei der Bewertung des AK 3.1.4 nicht durchgeführt werden. Ebenso wäre es aus Sicht des Autors wünschenswert, die zahlreichen vorhandenen methodischen Hinweise für die Entwicklung von nationalen IVS-Architekturen für Deutschland nachdrücklicher zu berücksichtigen (z. B. ISO 2010; IEEE 2000; CONVERGE 1998), weil sonst wieder individuelle Vorgehensweisen und internationale Inkompatibilitäten entstehen können.

Nach den umfassenden Analysen der o. g. Dissertation, auf denen dieser Aufsatz basiert, wurde festgestellt, dass nach der letzten Fortschreibung von FRAME im Jahr 2012 die Ergebnisse des Arbeitskreises überprüft werden sollten. Nach Einschätzung des Autors ist FRAME in der aktuellen Version bereits sehr gut als Basis der nationalen IVS-Architektur in Deutschland geeignet und, im Vergleich mit anderen nationalen IVS-Architekturen, sogar als Vorzugslösung anzusehen.

Fazit 6

Rahmenbedingungen für eine koordinierte Weiterentwicklung von IVS, wie sie in einer nationalen IVS-Architektur beschrieben sind, werden dringend benötigt, und eine nationale IVS-Architektur für Deutschland kann die Entwicklung interoperabler IVS entscheidend fördern. Die systematische Zusammenstellung von Funktionen, (verkehrs-)technischen Geräten sowie Aufgaben und Zuständigkeiten in der nationalen IVS-Architektur für Deutschland ist wichtige Grundlage für die koordinierte Weiterentwicklung von IVS und gleichzeitig auch die Basis zukünftiger Innovationen.

Mit der Entwicklung der nationalen IVS-Architektur für Deutschland sollte so bald wie möglich begonnen werden, um die daraus zu erwartenden Vorteile umfassend nutzen zu können. Für die in dieser Arbeit beispielhaft dargestellten internationalen Vorarbeiten bezgl. IVS-Architekturen und Methodiken zur Systementwicklung ist festzuhalten, dass diese für vergleichbare Aufgaben in Deutschland bislang noch nicht ausreichend berücksichtigt werden. Es ist vor diesem Hintergrund positiv zu bewerten, dass mit den 2015 veröffentlichten Ausschreibungen zur Entwicklung der IVS-Rahmenarchitektur für Deutschland nun auch die verpflichtende Anwendung internationaler Standards verknüpft ist (ISO 42010 als Fortschreibung von IEEE (2000) sowie das Vorgehensmodell TOGAF), denn die internationale Kompatibilität der Ergebnisse wird damit entscheidend gefördert. Um den hier gezeigten technischen und verkehrlichen Entwicklungen bestmöglich gerecht werden zu können, muss die IVS-Architektur intermodal gedacht und entwickelt werden, denn die zukünftigen Anforderungen an die Systeme liegen gerade in diesem Bereich.

Eine nationale IVS-Architektur benötigt Unterstützung von allen Beteiligten, insbesondere den hoheitlichen Aufgabenträgern, und die konsequente Nutzung der nationalen IVS-Architektur ermöglicht die systematische Weiterentwicklung und Modernisierung unseres Verkehrssystems in Zeiten fortschreitender

© Springer Fachmedien Wiesbaden 2015
P. Krüger, *Architektur Intelligenter Verkehrssysteme (IVS)*, essentials,
DOI 10.1007/978-3-658-10280-7_6

Globalisierung. Damit trägt die nationale IVS-Architektur erheblich dazu bei, den zukünftigen Herausforderungen im Verkehr erfolgreich zu begegnen, und es können damit auch weitreichende gesellschaftliche Wohlfahrtsgewinne entstehen.

Ausführlich sind die in diesem Aufsatz dargestellten Ergebnisse in Krüger (2013) beschrieben. Die Arbeit kann kostenlos unter: http://tuprints.ulb.tu-darmstadt.de/3657/ abgerufen werden. Darin wird auch ein Vorschlag für die Organisation des Entwicklungsprozesses der nationalen IVS-Architektur in Deutschland sowie deren inhaltliche Ausgestaltung gemacht.

Was Sie aus diesem Essential mitnehmen

- IVS sind zentrales Instrument zur nachhaltigen Nutzung und Weiterentwicklung unserer Verkehrssysteme.
- IVS sind einem raschen Weiterentwicklungsprozess unterworfen, der durch die zunehmende Digitalisierung weiter angetrieben wird.
- Zu IVS-Architekturen gibt es international zahlreiche etablierte Vorarbeiten, die auch für Deutschland beachtet werden müssen.
- Die Architektur von IVS muss einem Prinzip der strukturierten Beschreibung von Funktionen, Technik (einschließlich Kommunikationsstandards) und Organisationseinheiten folgen.
- Für Deutschland wird die Erarbeitung einer umfassenden und intermodalen IVS-Architektur dringend benötigt.

© Springer Fachmedien Wiesbaden 2015
P. Krüger, *Architektur Intelligenter Verkehrssysteme (IVS)*, essentials,
DOI 10.1007/978-3-658-10280-7

Literatur

ARKTRANS (2013) Internet-Präsenz ARKTRANS IVS-Architektur. http://arktrans.no/english. Zugegriffen: 15. Mai 2013

BASt (Bundesanstalt für Straßenwesen) (1999) Merkblatt für die Ausstattung von Verkehrsrechnerzentralen und Unterzentralen (MARZ 99), Ausgabe 1999

BASt (Bundesanstalt für Straßenwesen) (2012a) Präsentationsunterlagen, Bundesanstalt für Straßenwesen, Referat F4 – Kooperative Verkehrs- und Fahrerassistenzsysteme. Grafik veröffentlicht in BMVBS (2012)

BASt (Bundesanstalt für Straßenwesen) (2012b) Technische Lieferbedingungen für Streckenstationen (TLS 2012), Ausgabe 2012. Herausgeber: Bundesministerium für Verkehr, Bau- und Wohnungswesen

Beyer J-O (2010) Rahmenarchitektur IT-Steuerung Bund. Ziele und Erfahrungen in der deutschen Bundesverwaltung. Bundesministerium des Inneren. Referat IT 2. Bern, 2010

BMBF Bundesministerium für Bildung und Forschung (2013). Morgenstadt – Eine Antwort auf den Klimawandel. http://www.bmbf.de/pubRD/morgenstadt.pdf. Zugegriffen: 15. Mai 2014

BMVBS (Bundesministerium für Verkehr, Bau und Stadtentwicklung) (2012) IVS-Aktionsplan ‚Straße'. Koordinierte Weiterentwicklung bestehender und beschleunigte Einführung neuer Intelligenter Verkehrssysteme in Deutschland bis 2020

BMVBS (Bundesministerium für Verkehr, Bau und Stadtentwicklung) (2013) Verkehr in Zahlen 2013/2014. 42. Jahrgang 2013

BMVI (Bundesministerium für Verkehr und digitale Infrastruktur) (2014) Verkehrsverflechtungsprognose 2030

BMVIT (Bundesministerium für Verkehr, Innovation und Technologie) (2004) Telematikrahmenplan. Rahmenplan für den Einsatz von Telematik im österreichischen Verkehrssystem. Abschlussbericht

Boltze M, Krüger P, Reusswig A (2011) Internationale und nationale Telematik-Leitbilder und ITS-Architekturen im Straßenverkehr. Berichte der Bundesanstalt für Straßenwesen, Heft F 79.9

Bundesministerium des Inneren (2010) Ableitung von Diensten aus Geschäftsprozessen. Methodischer Leitfaden zur Rahmenarchitektur IT-Steuerung Bund

Busch F, Keller H, Riegelhuth G, Schnittger S (2007) Systemarchitekturen für Verkehrstelematik in Deutschland. Straßenverkehrstechnik (4):169–174.

© Springer Fachmedien Wiesbaden 2015
P. Krüger, *Architektur Intelligenter Verkehrssysteme (IVS)*, essentials,
DOI 10.1007/978-3-658-10280-7

CONVERGE (1998) Guidelines for the Development and Assessment of Intelligent Transport System Architectures. Issue: 1.0. Autoren: Jesty P, Gaillet J-F, Giezen J, Franco G, Leighton I, Schultz H-J

Daere K-H (2012) Zukunft der Verkehrsinfrastrukturfinanzierung. Bericht der Daere-Kommission. 2012

Deutsche Bahn (2015) Rote Busse werden flincer. Presseinformation. http://www.deutsche-bahn.com/de/presse/pi_regional/8420942/bw20141105.html. Zugegriffen: 3. Feb. 2015

DIMIS (Durchgängig Intermodales Informationssystem) (2013) Vortrag von A. Böhmer, Deutsche Bahn AG

DIW (Deutsches Institut für Wirtschaftsforschung) (2012) Verkehr in Zahlen 2012/2013. 41. Jahrgang. Herausgeber: Bundesministerium für Verkehr, Bau und Stadtentwicklung

Europäische Kommission (2010) Richtlinie 2010/40/EU des Europäischen Parlaments und des Rates vom 7. Juli 2010 zum Rahmen für die Einführung intelligenter Verkehrssysteme im Straßenverkehr und für deren Schnittstellen zu anderen Verkehrsträgern. Amtsblatt der Europäischen Union

Europäische Kommission (2011a) Vorschlag für eine Richtlinie des Europäischen Parlaments und des Rates zur Änderung der Richtlinie 2003/98/EG über die Weiterverwendung von Informationen des öffentlichen Sektors. KOM(2011) 877 endgültig

Europäische Kommission (2011b) Mitteilung der Kommission an das Europäische Parlament, den Rat, den Europäischen Wirtschafts- und Sozialausschuss und den Ausschuss der Regionen. Offene Daten: Ein Motor für Innovation, Wachstum und transparente Verwaltung. KOM(2011) 882 endgültig

FGSV (Forschungsgesellschaft für Strassen- und Verkehrswesen) (2012) Hinweise zur Strukturierung einer Rahmenarchitektur für Intelligente Verkehrssysteme (IVS) in Deutschland – Notwendigkeit und Nutzen. FGSV Nr. 305

FRAME (2011) FRAME Browsing Tool, Version vom 30. Aug. 2011. http://www.frame-online.net/the-architecture/browsing-tool.html. Zugegriffen: 13. April 2013

FRAME (2012) FRAME Selection Tool, Version 3.0.1 Veröffentlicht 2012. http://www.frame-online.net/the-architecture/selection-tool.html. Zugegriffen: 13. April 2013

FRAME, Chevreuil M, Winder A, Berthelot O, Gaillet J-F, Bossom R, Franco G, Avontuur V (2000c) European ITS Framework Architecture. Cost Benefit Study Report. D3.4– Issue 1. Aug. 2000

Halbritter G, Fleischer T, Kupsch C (2008) Strategien für Verkehrsinnovationen. Umsetzungsbedingungen – Verkehrstelematik – internationale Erfahrungen. Edition Sigma.

IEEE (2000) IEEE Recommended Practice for Architectural Description of Software-Intensive Systems. IEEE Std 1471–2000

IFMO (Institut für Mobilitätsforschung) (2010) Zukunft der Mobilität. Szenarien für das Jahr 2030. Fortschreibung 2, BMW AG, München

IFMO (Institut für Mobilitätsforschung) (2011) Mobilität junger Menschen im Wandel – multimodaler und weiblicher

ISO (International Organization for Standardization) (2007, 2010) Intelligent transport systems – reference model architectures(s) for the ITS sector – Part 1: ITS service domains, service groups, services

ISO (International Organization for Standardization) (2010) Intelligent transport systems – reference model architectures(s) for the ITS sector – Part 5: Requirements for architecture description in ITS standards. International Standard ISO 14813–14815.

ISO (International Organization for Standardization) (2010, 2012) Intelligent transport systems – systems architecture – use of process-oriented methodology in ITS International Standards and other deliverables. ISO/TR 26999:2012

Jakob T (1995) Das Telematik-Systemangebot der Industrie. Straßenverkehrstechnik 4/99:149–154

Krüger P (2013) Methodische und konzeptionelle Hinweise zur Entwicklung einer IVS-Rahmenarchitektur für Deutschland. Dissertation, Darmstadt 2013

Krüger P (2015) Intelligente Verkehrssysteme (IVS) brauchen Koordination – Die Notwendigkeit für die Entwicklung einer intermodalen IVS-Rahmenarchitektur in Deutschland. In: Straßenverkehrstechnik: Zum Zeitpunkt der Verfassung des vorliegenden Aufsatzes noch nicht veröffentlicht (Stand: 10. Feb. 2015)

PIARC (2004) ITS Handbook – 2nd Ed. The intelligent transport systems handbook. Recommendations from the World Road Association (PIARC). Edited by John C Miles and Kan Chen

Rittershaus L (2009) ITS-Architektur Deutschland – Aktivitäten und Begriffsbestimmungen. Arbeitspapier der Bundesanstalt für Straßenwesen (BASt), unveröffentlicht

Rittershaus L (2012) IVS-Richtlinie, IVS-Rahmen, IVS-Architektur. Fachvortrag: Tagung Systemarchitektur Schweiz SA-CH, Bundesamt für Straßen, Ittigen, Bern. 30. Mai. 2012

SINTEF, Natvig M, Westerheim H, Moseng TK, Vennesland A (2009) ARKTRANS. The multimodal ITS framework architecture, Version 6. SINTEF Report No. A12001

Statistisches Bundesamt (2014) Daten zur Bevölkerung in Deutschland. https://www.destatis.de/DE/ZahlenFakten/GesellschaftStaat/Bevoelkerung/Bevoelkerung.html. Zugegriffen: 15. Okt. 2014

Wissenschaftlicher Beirat, Stölzle W, Ahrens G-A, Baum H, Beckmann K, Boltze M, Eisenkopf A, Fricke H, Göpfert I, von Hirschhausen C, Knieps G, Knorr A, Mitusch K, Oeter S, Radermacher FJ, Schindler V, Schlag B, Siegmann J (2011) Architektur für Verkehrstelematik in Deutschland. Internationales Verkehrswesen (2):18–19

Zackor H (1999) Informationsstrategien für Telematikanwendungen im Straßenverkehr. Straßenverkehrstechnik (4):153–158